BEI GRIN MACHT SICH IHR
WISSEN BEZAHLT

- Wir veröffentlichen Ihre Hausarbeit,
  Bachelor- und Masterarbeit

- Ihr eigenes eBook und Buch -
  weltweit in allen wichtigen Shops

- Verdienen Sie an jedem Verkauf

Jetzt bei www.GRIN.com hochladen
und kostenlos publizieren

Carsten Ihl

Automatische-Start-Stopp-Funktion

Verfügbarkeit auf dem Automobilmarkt

GRIN Verlag

Bibliografische Information der Deutschen Nationalbibliothek:

Die Deutsche Bibliothek verzeichnet diese Publikation in der Deutschen National-
bibliografie; detaillierte bibliografische Daten sind im Internet über http://dnb.d-
nb.de/ abrufbar.

Impressum:

Copyright © 2009 GRIN Verlag GmbH
Druck und Bindung: Books on Demand GmbH, Norderstedt Germany
ISBN: 978-3-640-38559-1

Dieses Buch bei GRIN:

http://www.grin.com/de/e-book/131977/automatische-start-stopp-funktion

GRIN - Your knowledge has value

Der GRIN Verlag publiziert seit 1998 wissenschaftliche Arbeiten von Studenten, Hochschullehrern und anderen Akademikern als eBook und gedrucktes Buch. Die Verlagswebsite www.grin.com ist die ideale Plattform zur Veröffentlichung von Hausarbeiten, Abschlussarbeiten, wissenschaftlichen Aufsätzen, Dissertationen und Fachbüchern.

Besuchen Sie uns im Internet:

http://www.grin.com/

http://www.facebook.com/grincom

http://www.twitter.com/grin_com

Automatische-Start-Stopp-Funktion
Verfügbarkeit auf dem Automobilmarkt

Dipl.-Wirtsch.-Ing. und Dipl.-Ing Carsten Ihl, Frankfurt am Main

1 Einleitung

Im Rahmen der Selbstverpflichtung der Automobilhersteller zur Reduktion der CO_2-Flottenemission ergreifen einige Automobilhersteller eine Vielzahl von Maßnahmen. Eine davon ist die Automatische-Start-Stopp Funktion. Laut BMW ist die Realisierung der Automatischen-Start-Stopp Funktion in Volumenmodellen nur erfolgreich einzuführen, wenn eine breite Kundenakzeptanz vorherrscht. Hierbei haben die Kriterien „einfache Handhabung", „Nachvollziehbarkeit", „Startzeit" und „Startkomfort" höchste Priorität.

Ein Start/Stopp-System ist ein automatisch arbeitendes System zur Reduzierung des Kraftstoffverbrauchs und der Emission von Fahrzeugen. Die Stärken dieses Systems liegen im Stadtverkehr. Dort lassen sich die größten Kraftstoffeinsparungen und Emissionseinsparungen erzielen.

Das Funktionsprinzip wurde bereits Anfang der 1990er vorgestellt, hat sich jedoch nicht durchgesetzt. Mit steigenden Treibstoffkosten und mehr Sorge für die Umwelt ist bei vielen Automobilherstellern seit der IAA 2005 ein stärkeres Interesse daran festzustellen.

Zur Funktionsweise: Das Start/Stopp-System schaltet den Motor selbstständig aus, wenn er nicht benötigt wird, beispielsweise bei einer Rotphase an der Ampel, im Stau oder vor einem Bahnübergang. Diese Abschaltung darf jedoch nur unter bestimmten, genau definierten Voraussetzungen erfolgen, den so genannten Randbedingungen. In den nächsten Kapiteln folgt ein Überblick des Bedienkonzeptes und einiger Randbedingungen. Dieser Artikel bezieht sich nicht auf einen bestimmten Automobilhersteller, er soll einen Überblick über die Automatische-Start-Stopp-Funktion geben, um so eine Akzeptanz bei den Kunden zu erlangen und Ihnen die Angst vor diese doch neuen Funktionen nehmen. (vgl. dazu [1] [2] [3] [4] [5] [6] [7])

2 Bedienkonzept

Im Allgemeinen funktionieren alle Start-Stopp-Konzepte unabhängig vom Hersteller annähernd gleich. Zwar hat jeder Hersteller für sich wichtigere oder weniger wichtige Bedingungen entwickelt, jedoch ist das Funktions-Prinzip im Großen und Ganzen das gleiche.

Der Ablauf des „Automatischen Start Stopp" lässt sich am Beispiel eines Ampelstopps wie folgt beschreiben: Der Fahrer hält an einer roten Ampel. Sobald das Fahrzeug zum Stillstand gekommen ist, schaltet der Fahrer in den Leerlauf und lässt die Kupplung los. Nun geht der Motor selbstständig aus! Im Kombiinstrument wird „Start-Stopp" angezeigt. Sobald die Ampel auf grün schaltet, tritt der Fahrer die Kupplung. Der Motor geht wieder an, der Fahrer legt den ersten Gang ein und fährt los. (vgl. [3] [8] [9])

Die Abfolge der Bedienungsschritte ist nochmals in Abbildung 1 dargestellt.

Motor STOPP

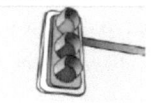    

Der Fahrer bremst bis ... schaltet in den Leerlauf ... ... der Motor geht ... in der Kombi-Anzeige
zum Fahrzeugstillstand ... ... lässt die Kupplung los ... automatisch aus ... erscheint „Start Stopp"

Motor START

Der Fahrer will ... tritt die Kupplung ... ... der Motor ... „Start Stopp" erlischt ... Fahrer legt den ersten
weiterfahren ... wird gestartet ... in der Anzeige ... Gang ein und fährt los.

Abb. 1
Funktion Automatischer Start Stopp
(vgl. [8])

3 Technische Voraussetzungen/ Randbedingungen

Das Verhalten des Start/Stopp-Systems wird durch eine ganze Reihe von Bedingungen bestimmt. Es wird geregelt, wann der Motor (automatisch) ausgehen darf, wann er automatisch wieder startet und wie auf bestimmte Fahreraktionen reagiert werden muss. Die Gründe für diese Randbedingungen können aus den Bereichen Sicherheit, Technik, Gesetze und Komfort stammen. (vgl. [3] [9] [10] [11] [12] [13] [14])

Allgemeine Vorbedingungen

Diese Bedingungen müssen erfüllt sein, damit die Start/Stopp-Funktion überhaupt vom Steuergerät aktiviert wird. Aus Sicherheitsgründen muss der Erststart des Motors bei den meisten Herstellern manuell durch den Fahrer erfolgen. Insbesondere muss das Fahrzeug immer wieder prüfen, ob sich das Getriebe im Leerlauf befindet, das heißt kein Gang eingelegt ist. Es gab zwischen den Herstellern noch weitere Übereinstimmungen wie z.B. dass bei jedem Start die Funktion Automatischer-Start-Stopp automatisch aktiviert wird. Möchte der Fahrer diese Funktion nicht nutzen, muss er diese über einen Schalter manuell deaktivieren. Bei einigen Herstellern wird dies durch eine LED in der Bedienkonsole angezeigt.
(vgl. [3] [9] [10] [11] [12] [13] [14])

Wann geht der Motor aus?

Auch hier gibt es zwischen den Herstellern Übereinstimmungen. Zuerst muss bei den meisten sichergestellt sein, dass kein Gang „eingelegt" ist, also das Fahrzeug sich im Leerlauf befindet. Außerdem muss sich der Fahrer im Fahrzeug befinden. Das kann durch Sensoren oder durch die Kontakte in der Fahrertür, im Sitz oder auch im Gurtschloss realisiert werden. Erst wenn solche Sicherheitsrelevante Funktionen realisiert sind, wird die Stopp-Funktion aktiv geschaltet.

Das Fahrzeug muss zum vollständigen Stillstand gekommen sein, bevor der Motor sich abschaltet. Es muss, nach einem Motor-Stopp, bis auf eine bestimmte Geschwindigkeit beschleunigt werden bevor der Motor erneut automatisch ausgeht. Des Weiteren sollte zum Schutz des Starters eine gewisse Zeit zwischen zwei Motorstarts liegen, so die Aussagen der Automobilzulieferer.

Zum Schutz der Motorkomponenten und vor erhöhter Beanspruchung wie auch zur Steigerung des Komforts für den Fahrer, muss der Motor erst warm gelaufen sein, bevor ein Motor-Stopp eingeleitet wird. Dazu wird ein Temperaturbereich definiert, in dem der Start-Stopp-Modus aktiv sein darf.

Ebenso muss die Lade- und Startfähigkeit der Batterie sichergestellt sein. Um das Rückrollen des Fahrzeugs am Berg zu verhindern, wird bei den meisten Herstellern die Start/Stopp-Funktion nur bis zu einer geringen Steigungen aktiviert.

Eine Sicherheitsfunktion könnte sein, dass der Bremsdruck ausreichend sein muss, damit das Auto auch bei Motor-Stopp sicher am Berg gehalten werden kann. Auf ebener Strecke ist ein etwas geringerer Bremsdruck ausreichend.

Außerdem ist bei den meisten Modellen im Stopp-Betrieb die Heizleistung stark eingeschränkt. Um den Komfort der Fahrzeuginsassen nicht zu stark einzuschränken, ist der Motor-Stopp nur bei einer Abweichung zwischen Soll- und Ist-Temperatur im Innenraum gestattet. (vgl. [3] [9] [10] [11] [12] [13] [14])

Bei welcher Fahreraktion geht der Motor wieder an?

Durch eine Klimaanlageneinstellung „high" oder „low" oder Betätigung der Defrost-Taste wird der Stopp-Modus abgebrochen und es erfolgt ein augenblicklicher Wiederstart. Auch die Einstellung des Innengebläses über einer bestimmten Stufe erzwingt einen sofortigen Wiederstart. Der Wiederstart kann auch durch Betätigen der Kupplung geschehen.

Wann erfolgt ein automatischer Wiederstart?

Bei den meisten Modellen werden die Randbedingungen für den Motor-Stopp auch in der Stopp-Phase laufend weiter überprüft. Sollte eine Bedingung verletzt werden, geschieht ein automatischer Wiederstart.

Daher erfolgt ein Wiederstart beim Wegrollen des Fahrzeugs, einem Bremsunterdruck, Abfall am Hang oder bei zu großen Anforderungen an das Energiemanagement in der aktuellen Stopp-Phase.

4 Welche Automobilhersteller verfügen über eine Funktion Start Stopp?

Vor dem Hintergrund des EU-Grenzwertes von 130g CO_2 pro km bis 2012, setzen quasi alle großen Automobilhersteller verstärkt auf die Start-Stopp-Technik. Anschließend nun ein kurzer Marktberblick:

BMW/ Mini

Seit März 2007 gibt es die neuen Vierzylinder Motoren mit Handschaltgetriebe der BMW 1er Serie in Verbindung mit einer Start-Stopp-Automatik der Robert Bosch GmbH. In der 3er Reihe ist der im 3er Coupe und 3er Cabrio eingesetzte 320i Vierzylinder serienmäßig mit einer Start-Stopp-Automatik ausgerüstet. Bei Kundenakzeptanz sollen weitere Motorvarianten mit Start-Stopp ausgerüstet werden. Ab August 2007 verfügen alle geschlossenen MINI Modelle mit Handschaltung serienmäßig über eine Start-Stopp-Funktion. (vgl. [11] [12] [13] [14] [15] [16])

Daimler/Smart

Für die Motorvarianten A150 und A170 wird ab Herbst 2008 auf Wunsch eine Start/Stopp-Automatik angeboten. Die BlueDynamics-Version des A160CDI enthält kein Start-Stop. Bis 2009 sollen alle Benziner der A-Klasse außer dem A200 Turbo mit Start-Stop ausgerüstet werden. Ebenfalls sind die Modelle B150 und B170 ab Herbst 2008 mit Start-Stop-Automatik erhältlich.

Der Smart ist bereits seit Herbst 2007 in der 71PS-Version aufpreispflichtig mit Start-Stop erhältlich. Ab Herbst 2008 werden der 61PS und der 71PS Benziner serienmäßig mit der Micro Hybrid Drive genannten Start-Stopp-Funktion ausgerüstet. (vgl. [17])

Toyota

Toyota bietet (seit 2007) in Japan mehrere Modellvarianten mit Start-Stopp an, u.a. Yaris Eco, Vitz, Toyoace. (vgl. [18])

Citroen

Bei Citroen wird Start-Stop vom Zulieferer Valeo schon seit Herbst 2005 im C3 1,4i 16V eingesetzt. Seit Frühjahr wird auch im C2 1,4i 16V Start-Stopp serienmäßig eingesetzt. In beiden Modellen ist die Start-Stopp-Funktion mit dem SensoDrive genannten automatisierten Schaltgetriebe gekoppelt. .(vgl. [19])

Land Rover

Den Freelander gibt es ab Herbst 2008 in einer Dieselversion mit Start-Stopp-Automatik. Mittelfristig soll Start-Stopp in allen Modellen eingeführt werden. (vgl. [20])

Daihatsu

Der für Frühjahr 2008 angekündigte Cuore ECO mit Start-Stopp-Funktion wurde nun doch nicht in Europa eingeführt. Das Fahrzeug ist jedoch unter der Bezeichnung Mira in Japan mit Start-Stopp erhältlich. (vgl. [21])

Fiat

Fiat wird künftig alle Modelle mit einer Start-Stopp-Automatik ausrüsten. Beginnen soll im Herbst der Fiat 500. Binnen zwölf bis achtzehn Monaten soll das System in allen anderen Modellen Einzug halten. Das Start-Stopp-System wird in alle Fahrzeuge serienmäßig integriert. (vgl. [22])

5 CO_2-Potenzial von Start/Stopp

Hersteller	Modell	CO_2-Emission	Verbrauch
BMW	116i	139	5,8
BMW	118d	119	4,5
BMW	118i	140	5,9
BMW	120d	128	4,8
BMW	120i	152	6,4
BMW	123d	138	5,2
BMW	320i Cabrio (neu 2008)		6,7
BMW	Mini Cooper	129	5,4
BMW	Mini Cooper D	104	4,4
BMW	Mini Cooper S	149	6,2
BMW	Mini One	128	5,3
Citroen	C3 1,4i 16V SensoDrive	135	5,7
Daihatsu	Cuore Eco	99	4,2
DC	A150	139	5,8
DC	A170		
DC	B150		
DC	B170		
Smart	Smart	103	4,3

Abb.2
Zusammenfassung Pressemitteilungen Start/Stopp

Pressemeldungen über Mercedes:

„Der Durchschnittsverbrauch des A 150 sinkt um 0,4 auf 5,8 Liter Super je 100 Kilometer, womit auf jedem einzelnen Kilometer auch zehn Gramm CO_2 vermieden werden."

„Im Schnitt soll die Technik den Verbrauch [des A150] um sechseinhalb Prozent auf 5,8 Liter Benzin drücken, was einem CO_2-Ausstoß von 139 Gramm je Kilometer entspricht."

„Die beiden volumenstärksten Modellen B 150 und B 170 können ab Herbst als Blue Efficiency-Varianten auf Wunsch mit Start-Stopp-Automatik bestellt werden. Sie schaltet den Motor beim Ampelstopp oder im Stau ab und senkt den Verbrauch um bis zu neun Prozent."

„Durch das System sinkt der EU-Verbrauch um acht Prozent, so Smart. Beide Ein-Liter-Motoren verbrauchen dann 4,3 Liter auf 100 Kilometer. Die CO_2-Emissionen reduzieren sich auf 103 Gramm pro Kilometer. Im Stadtverkehr sind laut Hersteller Einsparungen von fast 20 Prozent möglich." (vgl. [23] [24] [25] [26] [27])

Pressemeldung über Toyota:

„Energie-Einsparpotenzial bis 15%" (vgl. [27])

Pressemeldung über BMW/ MINI:

„Das Aggregat [320i Cabrio mit Start/Stopp] leistet 170 PS und begnügt sich im Mittel mit 6,7 Litern Verbrauch."

„Die Spritspartechnik soll den durchschnittlichen Verbrauch des Kleinwagens [MINI] um bis zu 0,7 Liter Kraftstoff pro 100 Kilometer senken."

„Der neue Mini Cooper S wird wie bisher von einem 175 PS starken 1,6-Liter-Turbo mit Benzindirekteinspritzung angetrieben. Die Fahrleistungen bleiben gleich, aber der Verbrauch sinkt: Statt 6,9 Litern verbraucht das Topmodell nun 6,2 Liter je 100 Kilometer. Der CO_2-Wert verringert sich von 164 auf 149 Gramm pro Kilometer."

Sein [MINI Cooper] Vierzylinder-Saugmotor mit 1,6 Liter Hubraum leistet nach wie vor 120 PS, die Fahrleistungen bleiben gleich, aber der Verbrauch sinkt von 5,8 auf 5,4 Liter je 100 Kilometer. Analog sinken die CO_2-Emissionen pro Kilometer von 139 auf 129 Gramm."

„Auch das Einstiegsmodell One mit seinem 95 PS starken 1,4-Liter bietet die gleichen Fahrleistungen wie bisher, aber der Spritverbrauch sinkt von 5,7 auf 5,3 Liter je 100 Kilometer. Der CO_2-Wert verringert sich von 138 auf von 128 Gramm pro Kilometer. Der Mini Cooper D mit seinem 110 PS starken 1,6-Liter-Diesel braucht trotz unveränderter Fahrleistungen nur noch 3,9 statt 4,4 Liter Sprit je 100 Kilometer, der CO_2-Wert sinkt von 118 auf 104 Gramm pro Kilometer." (vgl. [28] [29] [30] [31])

Präsentation von Citroen:

„Kraftstoffeinsparungen von 10% im Stadtverkehr beim C3 1,4i 16V SensoDrive, bis 15% bei zähfließendem Verkehr"

„Kraftstoffverbrauch Mixed Cycle 5,7l/100km, CO_2 135g/km. (vgl. [32])

Pressemeldung über Daihatsu:

„Alternativ ist das Fahrzeug auch als Cuore Eco erhältlich. Dieser verfügt über ein Start-Stopp-System, das bei längeren Stopps den Motor automatisch ausschaltet und zum Anfahren wieder startet. Dadurch soll der Verbrauch auf 4,2 Liter pro 100 Kilometer sinken und die CO_2-Emission auf 99 g/km." (vgl. [33] [34])

Pressemeldung über Land Rover:

„Durch die automatische Motorabschaltung und Optimierungen bei Gewicht, Luftwiderstand sowie Motorsteuerung könne der CO_2-Ausstoß des Geländewagens [Freelander] im Normzyklus um 8,6 Prozent auf 179 Gramm pro Kilometer gesenkt werden."(vgl. [35]

Pressemeldung über Fiat:

„Das Spritsparpotenzial der Start-Stopp-Automatik bezifferte der Fiat-Sprecher auf bis zu 25 Prozent im Stadtverkehr." (vgl. [36] [37])

6 Wo geht es in Zukunft hin?

Laut des Strategy Analytics Automotive Electronics Service wird in den Jahren 2008 bis 2015 der Verkauf der Automatische Start Stopp Funktion auf etwas 20 Millionen Einheiten ansteigen. Auch die Automobilzulieferer Bosch und Valeo bereiten sich laut Chris Webber, Vice President for the Automotive Practice at Strategy Analytics, auf eine sehr große Bestellung dieses Systemen vor.

Bereits heute werden von der Firma Bosch über 500.000 Einheiten an BMW verkauft. Valeo verkaufte mehr als eine Millionen Einheiten solcher Systeme an PSA Peugeot-Citroën. In Zukunft wollen die meisten Automobilhersteller dieses System in Ihren Fahrzeugen anbieten. Angeboten werden soll das Systeme nicht nur in speziellen Umweltfreundlichen Modellen, sondern auch als Serienausstattung in Volumenmodellen.

Laut Bosch und Valeo und anderen Experten wird das Start-Stopp-System eine große Zukunft haben und in geraumer Zukunft in jedem Fahrzeug verfügbar sein. (vgl. [38])

7 Quellen

[1]   http://www.spiegel.de/auto/aktuell/0,1518,574264,00.html

[2]   http://www.handelsblatt.com/politik/international/eu-verschiebt-co2-gesetz-fuer-autobauer;1214083

[3]   http://www.faz.net/s/Rub0E9EEF84AC1E4A389A8DC6C23161FE44/Doc~E4CB244

{4]   http://www.handelsblatt.com/politik/deutschland/glos-vernichtungsfeldzug;1368970

[5]   http://www.faz.net 17.8.2007 S.14

[6]   http://www.handelsblatt.com/unternehmen/industrie/autokonzerne-legen-sich-mit-eu-an;1320374

[7]   http://www.handelsblatt.com/politik/international/verheugen-springt-fuer-premiumhersteller-in-diebresche;1307715

[8]   VDI Bericht Nr.200, 2007

[9]   16. Aachner Kolloquium Fahrzeug- und Motortechnik 2007

[10]   Bericht der Bundesanstalt für Straßenwesen Heft F 22

[11]   KESSLER, F.; SONNTAG, E.; SCHOPP, J.; SIMIONESCO, L.; KERIBIN, P.;BORDES, F.: Die neue kleine Vierzylinder Motorenfamilie aus der BMW/PSA Kooperation 15. Internationales Aachener Motorensymposium 2006

[12]   KESSLER, F.; KIESGEN, G.; SCHOPP, J.; BOLLIG, M.: Die neue Vierzylinder-Motorenbaureihe aus der BMW/PSA-Kooperation, MTZ 07-08/2007

[13]   SCHWARZ, C.; MISSY, S.; STEYER, H.; DURST, B.; SCHÜNEMANN, E.; KERN, W.; WITT, A.: Die neuen Vier- und Sechzylinder Ottomotoren von BMW mit Schichtbrennverfahren, MTZ 05/2007

[14]   NEUGEBAUER, S.; ARDEY, N.; MISSY, S.; EL-DWAIK, F.: GEHT DOCH ! Gesamthaftes Energiemanagement in den neuen BMW Modellen zur Steigerung der Effizienten Dynamik, MTZ-Konferenz Juni 2007

[15]   http://www.mini.de/de/de/general/homepage/index_teaser1.jsp;

[16]   http://www.bmw.de/de/de/index.html 21.07.2008)

[17]   http://www.mercedes-benz.de/content/germany/mpc/mpc_germany_website/de/home_mpc/passengercars.flash.html (21.07.2008)

[18] http://www.toyota.com/ (22.07.2008)

[19] http://www.citroen.com/CWW/en-US (22.07.2008)

[20] http://www.landrover.de/de/de/Company/company_overview_new.htm (22.07.2008)

[21] http://www.daihatsu.de/b2c_showroom_all,128.html (22.07.2008)

[22] http://www.fiat.de/cgi-bin/pbrand.dll/FIAT_GERMANY/showroom/showroom.jsp 23.07.2008)

[23] http://www.spiegel.de/auto/aktuell/0,1518,543910,00.html

[24] http://www.spiegel.de/auto/fahrberichte/0,1518,493283,00.html

[27] http://www.saubereautos.at/fortschritt/hybrid/toyota_zehn_jahre_hybrid/

[28] http://www.autokiste.de/psg/0610/5745.htm

[29] http://de.cars.yahoo.com/25052007/292/start-stopp-mini-sparsamer.html

[30] http://de.cars.yahoo.com/29052007/348/mini-gleichen-spritsparfunktionen-1er.html

[31] http://hybrid-autos.info/BMW-1er-Start-Stop-2007.html

[32] http://www.psa-peugeot-citroen.com/document/presse_dossier/dp_stop-and-start_en1094545369.pdf

[33] http://www.auto-motor-und-sport.de/news/auto_-_produkte/hxcms_article_501902_13987.hbs

[34] http://www.motor-talk.de/forum/cuore-mit-start-stop-t1740821.html

[35] http://www.autogazette.de/Die-Zukunft-heisst-Start-Stopp/artikel_1097517_33.htm

[36] http://www.autobild.de/artikel/start-stopp-automatik_725548.html

[37] http://www.speed-academy.de/newsdetail_147_25918.html